全国中等职业学校机械类专业通用
全国技工院校机械类专业通用（中级技能层级）

机床加工工艺学（第四版）
习题册

严红俊　主编

中国劳动社会保障出版社

简　介

本习题册是全国中等职业学校机械类专业通用教材 / 全国技工院校机械类专业通用教材（中级技能层级）《机床加工工艺学（第四版）》的配套用书。本习题册内容紧扣教学要求，知识点分布均衡，习题难易适中，有助于学生巩固课堂知识。

本习题册由严红俊、管林东、郭守超、王文景、颜维维、王卫国、周秋荣编写，严红俊任主编，管林东任副主编。

图书在版编目（CIP）数据

机床加工工艺学（第四版）习题册 / 严红俊主编 . -- 北京：中国劳动社会保障出版社，2020

全国中等职业学校机械类专业通用　全国技工院校机械类专业通用 . 中级技能层级
ISBN 978-7-5167-4603-5

Ⅰ. ①机…　Ⅱ. ①严…　Ⅲ. ①金属切削 – 工艺学 – 中等专业学校 – 习题集　Ⅳ. ①TG506-44

中国版本图书馆 CIP 数据核字（2020）第 208175 号

中国劳动社会保障出版社出版发行
（北京市惠新东街 1 号　邮政编码：100029）
*
三河市华骏印务包装有限公司印刷装订　新华书店经销
787 毫米 ×1092 毫米　16 开本　5.75 印张　133 千字
2020 年 11 月第 1 版　2024 年 4 月第 2 次印刷
定价：11.00 元

营销中心电话：400-606-6496
出版社网址：http://www.class.com.cn
http://jg.class.com.cn

目　录

第1章 基本知识

§1-1 机床型号的识读

一、填空题（将正确答案填写在横线上）

1. 我国将机床分为______大类。
2. 按机床的通用程度分类，可分为________、________和_________。
3. 我国对机床型号的编制，是采用汉语拼音字母加___________按一定规律组合而成的。
4. 通用机床的型号由________和________组成。
5. 机床型号不可表示的是_______（机床类型、主要规格、有关特征、床身颜色）。

二、判断题（正确的在括号内打“√”，错误的在括号内打“×”）

1. 在同一种机床中，根据加工精度不同可分为普通机床、精密机床和高精度机床。（　　）
2. 机床主参数代表机床功率大小。（　　）
3. 专用机床是通用机床的一种。（　　）

三、名词解释

机床型号

四、简答题

1. 说明车床代号 CA6140 的含义。

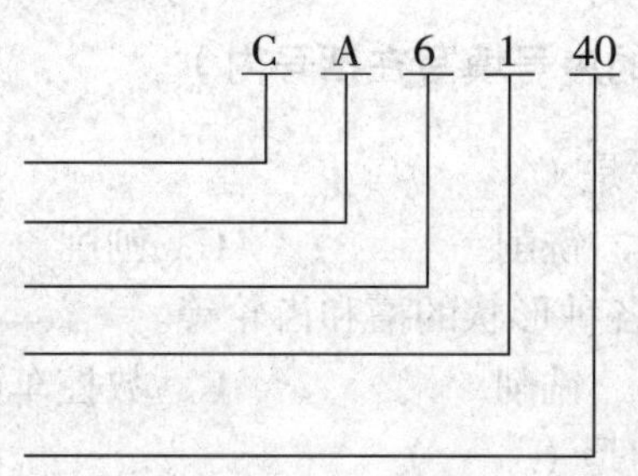

2．说明外圆磨床代号 MG1432A 的含义。

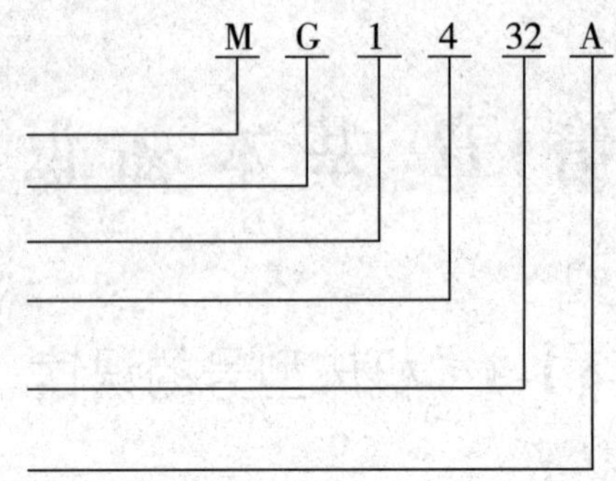

§1–2　机加工类型和工件分类

一、填空题（将正确答案填写在横线上）

1．常见的机加工类型主要有____、钻削、____、刨削、____等。

2．机床上加工的工件按其形状可分为____、套类、____、__________和特形类等。

3．轴类零件按其结构形状可分为____、______、实心轴、______和特形轴。

二、判断题（正确的在括号内打"√"，错误的在括号内打"×"）

1．机加工是机床金属切削加工的简称。　　　　（　　）

2．磨削是指在磨床上用磨具（砂轮）对工件进行加工的一种方法。　　　　（　　）

3．由同一轴线，若干个内、外回转表面组成，且长度尺寸较大的零件称为轴类零件。　　　　（　　）

4．箱体支架类零件加工工艺复杂，技术要求较高的原因是体积较大。　　　　（　　）

三、选择题（将正确答案的序号填写在括号内）

1．加工回转面的主要方法是（　　）。

A．车削　　B．铣削　　C．刨削　　D．磨削

2．（　　）可加工平面、各种形状的槽和齿轮等。

A．普通车削　　B．铣削　　C．数控车削　　D．钻削

3．下列不属于盘类零件的是（　　）。

A．法兰盘　　B．转向盘

C．轴承座　　D．离合器体

4. 形状比较特殊的零件称为特形类零件，如（　　）。

A. 减速器壳体　　B. 转向盘

C. 台阶轴　　D. 十字孔工件

四、名词解释

机加工

§1–3　切削基本概念

一、填空题（将正确答案填写在横线上）

1. 切削时的运动分为______和________两种。
2. 主运动可以是____________________，也可以是工件的旋转或________。
3. 一般主运动切削的速度最____，消耗的功率最____。
4. 切削时形成的三个表面包括__________、__________和________。
5. 切削用量要素包括__________、________和__________。
6. 切削速度是指切削刃______相对于工件的主运动的________。
7. 背吃刀量是指通过______基点并垂直于________的方向上测量的吃刀量。

二、判断题（正确的在括号内打“√”，错误的在括号内打“×”）

1. 由机床或人力提供的，使刀具和工件之间产生相对运动，从而使刀具前面接近工件的运动称为进给运动。（　　）
2. 一种切削加工方法的主运动只有一个。（　　）
3. 已加工表面是指工件上经刀具切削后形成的表面。（　　）
4. 过渡表面是指工件上由切削刃形成的那部分表面。（　　）

三、选择题（将正确答案的序号填写在括号内）

1. 车削的主运动是（　　）。

A. 车刀沿工件的轴向运动　　B. 车刀沿工件的径向运动

C. 工件的旋转运动　　D. 车刀的旋转运动

2. 刨削的主运动是（　　）。

A. 刨刀的直线运动　　B. 刨刀的垂直运动

C. 工件的往复运动　　D. 工件的垂直运动

3. 切削速度是切削刃选定点相对于工件的（　　）的瞬时速度。

A. 主运动　　B. 进给运动

C. 工件运动　　D. 刀具运动

四、名词解释

1．切削运动

2．进给运动

3．进给量

五、计算题

1．用硬质合金车刀车削 ϕ45 mm 的工件，车床主轴转速 n=1 500 r/min，求切削速度 v_c。

2．ϕ95 mm 的毛坯轴一次进刀车到 ϕ82 mm，求背吃刀量 a_p。

§1-4　刀具分类与组成

一、填空题（将正确答案填写在横线上）

1．按机床加工方式和加工对象不同，刀具可分为______、______、刨刀、______、钻头、铰刀、丝锥及板牙等。

2．按加工表面不同，刀具可分为______表面加工刀具、______表面加工刀具和平面加工刀具等。

3．按刀具切削部分的材料不同，刀具可分为__________、__________和__________等。

4．刀具的装夹形式有________和____________两种。

二、判断题（正确的在括号内打“√”，错误的在括号内打“×”）

1．按刀具的切削刃数目不同，刀具可分为单刃刀具和多刃刀具。　　（　　）

2．为了切除工件上多余的金属层，以获得符合要求的工件形状、尺寸及精度，刀具必须具备一定的结构、形状及几何角度的要求。　　（　　）

3．具有导向部分的刀具一般用于内孔、沟槽和内螺纹的加工。　　（　　）

三、选择题（将正确答案的序号填写在括号内）

1．以下刀具不属于按结构形式分类的是（　　）。

A．整体式刀具　　B．焊接式刀具

C．机械夹固式刀具　　D．粉末冶金刀具

2．以下不属于刀具结构要素的是（　　）。

A．刀架部分　　B．导向部分

C．夹持部分　　D．切削部分

四、简答题

简述刀具切削部分的基本组成要素。

§1-5 刀具材料

一、填空题（将正确答案填写在横线上）

1．在切削过程中，刀具的表面与工件的切削层产生强烈的______和______，刀具不但承受很大的______，而且切削温度也很____。

2．刀具在切削过程中要承受很大的作用力，故刀具材料应具有足够的______。

3．刀具在切削过程中存在着冲击载荷或振动，故刀具还应具有足够的______。

二、判断题（正确的在括号内打“√”，错误的在括号内打“×”）

1．一般来说，刀具材料的硬度越高，其耐磨性就越好。（ ）

2．耐热性有时也称为红硬性。（ ）

3．为了方便刀具的制造，刀具材料具有较低的硬度即可。（ ）

4．高速钢又称锋钢或白钢。（ ）

三、选择题（将正确答案的序号填写在括号内）

1．切削温度可以高达（ ）℃。

A．700 ~ 800　　B．800 ~ 900

C．900 ~ 1 000　　D．1 000 ~ 1 100

2．下列不属于常用刀具材料的是（ ）。

A．碳素工具钢　　B．合金工具钢

C．硬质合金　　D．硬铝

3．碳素工具钢的含碳量为（ ）。

A．0.1% ~ 0.3%　　B．0.3% ~ 0.6%

C．0.6% ~ 1.2%　　D．1.2% ~ 1.5%

四、简答题

1．刀具材料的性能要求主要有哪些？

2．简述硬质合金与高速钢的区别。

§1–6　切　削　液

一、填空题（将正确答案填写在横线上）

1．切削液的作用主要有________、________和________。

2．切削加工时使用切削液可以改善________，从而能______加工效率并且获得______质量的工件。

3．切削液的润滑作用是指它减小刀具前面与______、刀具后面与________之间的______的能力。

4．水基切削液又分为__________和______两种。

二、判断题（正确的在括号内打“√”，错误的在括号内打“×”）

1．机床加工中常用的切削液主要有水和油两种。（　　）

2．切削液的冷却作用主要是能从切削区带走少量的切削热量。（　　）

3．切削液之所以具有润滑作用，是因为它能在刀具与切屑、刀具与工件之间形成油膜，使刀具与切削层金属局部隔离，起到减小摩擦的作用。（　　）

4．合成切削液的主要成分是油，润滑效果较好。（　　）

三、选择题（将正确答案的序号填写在括号内）

1．切削时使用的切削液往往有一定的（　　），能迅速将细碎切屑及金属粉末等及时冲走。

A．质量　　B．压力　　C．黏度　　D．体积

2．切削油的主要成分是（　　）。

A．水　　B．动物油脂

C．矿物油　　D．植物油

四、名词解释

切削液

五、简答题

1．为什么要使用切削液？

2．如何选用粗加工时的切削液？

3．如何选用精加工时的切削液？

第2章 车 削

§2-1 车削基本知识

一、填空题（将正确答案填写在横线上）

1. 车床主要用来加工带有____表面的零件。
2. 主轴箱内装有变速机构和____，主轴箱的正面有____手柄。
3. 通过改变进给箱上手柄的位置，可使丝杠、光杠得到不同的转速，从而使车刀移动，获得不同的______或____。
4. 松开刀架锁紧手柄后，可调整刀架的装刀____与角度。
5. 选择纵向进给量为0.40 mm，横向进给量为0.20 mm时，即小滑板手柄顺时针转动____格，中滑板手柄顺时针转动____格。
6. 中滑板丝杆上的刻度盘分为100格，______每转过1格，表示刀架横向移动____mm。

二、判断题（正确的在括号内打“√”，错误的在括号内打“×”）

1. 在车床上可以车外圆和端面。 （ ）
2. 中心架、跟刀架是车床附件。 （ ）
3. 进刀时，若刻度盘手柄转过了头，应直接退回所需的刻度上。 （ ）

三、选择题（将正确答案的序号填写在括号内）

1. 溜板箱正面大手轮轴上的刻度盘分为300格，每转过一格，表示床鞍纵向移动（ ）mm。

   A．1　　B．2　　C．4

2. 逆时针转动溜板箱上的大手轮，刻度盘转动250格，表示向左纵向进给（ ）mm。

   A．250　　B．500　　C．125

四、简答题

1. 简述CA6140型车床的主要组成部分。

2．车床的主轴箱和溜板箱各有什么用途？

3．简述车床尾座的操作方法。

4．中滑板进刀时，若刻度盘手柄转过了头应如何调整？

§2–2　车　　刀

一、填空题（将正确答案填写在横线上）

1．车刀由____和____两部分组成。

2．车刀切削部分的几何要素有____、____、________、________和____。

3．测量车刀角度的三个基准参考平面是____、________和________。

4．75°车刀由____个刀面、____条切削刃和____个刀尖组成；45°车刀由____个刀面、____条切削刃和____个刀尖组成。

5．常用的磨刀砂轮主要有__________和__________两种。

6．装夹车刀时，刀头伸出刀架的长度应小于刀柄高度的____倍。

二、判断题（正确的在括号内打“√”，错误的在括号内打“×”）

1．能够用来车削工件外圆的车刀有90°车刀、75°车刀和45°车刀。（　　）

2．刀具上的主切削刃担负着主要的切削工作，在工件上加工出已加工表面。（　　）

3．主切削刃与副切削刃交汇的点称为刀尖。（　　）

4．刃倾角为负值时，切削刃强度较好，切屑流向已加工表面。（　　）

5．车刀主要几何角度中，前角 γ_o、后角 α_o 和刃倾角 λ_s 没有正负值规定，但主偏角 κ_r、副偏角 κ'_r 有正负值规定。（　　）

6．在主正交平面中，后面与基面的夹角小于 90° 时，主后角为正值。（　　）

三、选择题（将正确答案的序号填写在括号内）

1．主要用来车削工件外圆、端面和倒角的车刀是（　　）车刀。

A．90°　　B．75°　　C．45°　　D．圆头

2．刀具上的主切削刃担负着主要的切削工作，在工件上加工出（　　）表面。

A．待加工　　B．过渡　　C．已加工　　D．过渡表面和已加工

3．在基面内测量的基本角度是（　　）。

A．刀尖角　　B．刃倾角　　C．主后角　　D．主偏角

4．若使用高速钢车刀车 45 钢的轴，前角应选（　　）。

A．1°~5°　　B．5°~8°　　C．10° ~15°　　D．20°~25°

5．刃倾角是（　　）与基面的夹角。

A．前面　　B．切削平面　　C．后面　　D．主切削刃

四、简答题

1．什么是车刀的主偏角？如何选择车刀的主偏角？

2．什么是车刀的前角？如何选择车刀的前角？

3．指出图 2–1 中车刀切削部分几何要素的名称。

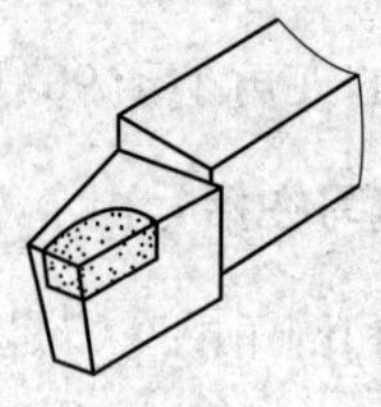

图 2–1

4．指出图 2–2a、b 中车刀的主切削刃、副切削刃及刀尖。

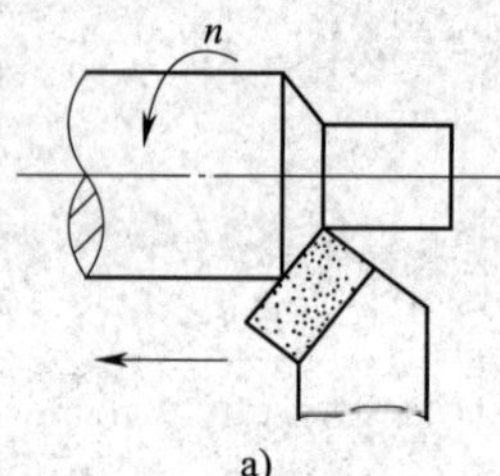

a)　　b)

图 2–2

§2–3 工件装夹

一、填空题（将正确答案填写在横线上）

1. 三爪自定心卡盘一般用于精度__________、形状____（如______、________、正六边形等）的中、小工件的装夹。

2. 正卡爪用于装夹________和内孔直径较大的工件；反卡爪用于装夹________的工件。

3. 四爪单动卡盘的四个卡爪由________分别带动，四个卡爪的移动是________的。

4. 四爪单动卡盘比三爪自定心卡盘的夹紧力____。

5. 精车时，为了保证工件较高的精度要求，工件应采用______装夹。

6. 四爪单动卡盘的四个卡爪________安装，即可成“反爪”，用来装夹较大的工件。

7. 工件用两顶尖装夹时，________________，或________________，或前后顶尖产生__________时，易使工件圆度超差。

8. 找正的要求是使工件的回转中心与车床主轴的旋转轴线____。

9. 固定顶尖的特点是刚度____，定心____，但只适用于____加工精度要求____的工件。

二、判断题（正确的在括号内打“√”，错误的在括号内打“×”）

1. 正卡爪用于装夹外圆直径较小和内孔直径较大的工件；反卡爪用于装夹外圆直径较大的工件。（　　）

2. 四爪单动卡盘除了用来装夹圆形截面的工件以外，还可以用来装夹其他形状不规则的工件。（　　）

3. 由于三爪自定心卡盘的三个卡爪是同步运动的，能自动定心，因此工件装夹后不需要进行找正。（　　）

4. 当后顶尖用固定顶尖时，由于中心孔与顶尖间为滑动摩擦，故应在中心孔内加入润滑脂。（　　）

5. 固定顶尖的刚度好，定心准确，加工出的工件精度较高，因此应用最为广泛。（　　）

6. 固定顶尖只适用于低速加工精度要求较高的工件。（　　）

三、选择题（将正确答案的序号填写在括号内）

调整锥度时，如果车出的工件（　　）直径大，（　　）直径小，尾座应向操作者方向移动；若车出的工件（　　）直径小，（　　）直径大，尾座移动方向则相反。

A. 左端　　　　B. 右端

四、简答题

简述车床上工件常用装夹方法的特点及适用场合，并填写表 2–1。

表 2-1　　常用装夹方法的特点及适用场合

装夹方法	特点	适用场合
用三爪自定心卡盘装夹		
用四爪单动卡盘装夹		
用顶尖装夹		
用心轴装夹		
用其他附件装夹		

§2-4　车 台 阶 轴

一、填空题（将正确答案填写在横线上）

1. 轴类零件的毛坯形式有______、________和________三种。

2. 轴类零件的车削过程一般分为____和____________两个阶段。

3. 加工零件时，一般采取______________的原则，即先对所需加工的表面全部进行____，然后再进行____________。

4. 粗车时，_________和_______较大。

5. 为了提高切削刃强度，主切削刃上应磨有______。

6. 为了提高工件表面质量，用硬质合金车刀精车时，一般采用____的切削速度；用高速钢车刀精车时，选用____的切削速度。

7. 车削时，为了切除多余的金属，必须使____和____产生相对的车削运动。

8. 根据进给方向的不同，进给量又分为________和________两种。其中，________是指垂直于车床床身导轨方向的进给量。

9. 车削时，____mm 以下的棒料常在车床上进行切断，________mm 的材料不易进行切断。

10．刃磨车槽刀两侧副后面时，必须保证＿＿＿＿＿、＿＿＿＿和＿＿＿＿对称。

11．精度要求较低的矩形沟槽，可用＿＿＿和＿＿＿检测其宽度和直径。

12．精度要求较高的矩形沟槽，通常用＿＿＿、＿＿检测。

二、判断题（正确的在括号内打“√”，错误的在括号内打“×”）

1．粗车刀的主偏角越小越好。（　　）

2．90°硬质合金车刀的刀尖强度和散热条件比45°、75°车刀都好，故应用范围较广泛。（　　）

3．精车刀的前角和后角都要比粗车刀大。（　　）

4．精车刀修光刃长度应尽量长些。（　　）

5．精车时，一般选用精度较高的机床，工具、夹具也应根据工件的形状、尺寸和几何公差要求来选用或制作，以确保工件的精度要求。（　　）

6．由于粗车和精车的加工要求不同，故对车刀的要求也不一样。（　　）

7．刃倾角可以控制切屑流向。（　　）

8．为了方便直台阶的车削，外圆车刀一般选择90°偏刀，并在装夹车刀时把主偏角装成小于90°。（　　）

9．国家标准规定中心孔有A型（不带护锥）、B型（带护锥）、C型（带护锥和螺纹）三种。（　　）

三、选择题（将正确答案的序号填写在括号内）

1．粗车刀必须适应粗车时（　　）的特点。

A．吃刀深、转速低　　B．进给快、转速高

C．吃刀深、进给快　　D．吃刀小、进给快

2．粗车外圆时，若车刀前角过小会使切削力（　　）。

A．增大　　B．减小　　C．为零　　D．不变

3．粗车钢料外圆时，车刀主切削刃的倒棱前角为（　　）。

A．−10°～−30°　　B．−5°～−10°　　C．−5°～−15°　　D．15°～30°

4．在车刀主切削刃上磨有倒棱是为了增加（　　）。

A．刀尖强度　　B．切削刃强度

C．刀头强度　　D．刀柄强度

5．外圆粗车刀的刃倾角一般取负值，以（　　）。

A．减小表面粗糙度值　　B．有利于断屑

C．增加刀头强度　　D．增加切削刃强度

6．外圆精车刀上刃磨修光刃的目的是（　　）。

A．增加刀头强度　　B．减小表面粗糙度值

C．改善刀头散热情况　　D．使车刀锋利

7．半精车、精车时选择切削用量应首先考虑（　　）。

A．生产效率　　B．保证加工质量

C．刀具寿命　　D．保证加工质量和刀具寿命

8. 车槽刀的主偏角一般取（　　）。

A. 45°　　B. 60°　　C. 75°　　D. 90°

9. 车槽刀的两个副偏角均为（　　）。

A. 1° ~ 1.5°　　B. 1.5° ~ 3°　　C. 3° ~ 4°　　D. 4° ~ 5°

10. 用高速钢车刀切断时，转速一般选择在（　　）r/min 左右。

A. 650　　B. 100　　C. 250　　D. 50

11. 切断刀的主后角一般取（　　）。

A. 5° ~ 7°　　B. 2° ~ 4°

C. 10° ~ 12°　　D. 12° ~ 15°

12. 车槽刀的两个副后角均取（　　）。

A. 1° ~ 2°　　B. 2° ~ 4°

C. 4° ~ 6°　　D. 6° ~ 8°

四、简答题

1. 车轴类零件时，粗车与精车分开的原则和原因是什么？

2．简述试车工件外圆的方法。

3．装夹车槽刀时应注意哪些问题？

4．车槽时应如何选择切削用量？

§2-5 车圆锥台

一、填空题（将正确答案填写在横线上）

1. 锥角大、长度短的圆锥通常采用__________法进行加工。
2. 锥度小、长度长的圆锥通常采用________法进行加工。
3. 圆锥分为______与______两种，它们的各种尺寸、计算均相同。
4. ____________是指在圆锥的轴向截面内圆锥母线与轴线之间的夹角。
5. 当圆锥半角 $\alpha/2<6°$时，可用公式 $\alpha/2\approx$____________________________进行计算。
6. 常用的标准圆锥有________和________两种。
7. 车圆锥面时，一般先保证________，然后精车控制________。
8. 转动小滑板法适用于加工圆锥半角____且锥面____的工件。
9. 用偏移尾座法车外圆锥时，尾座的偏移量不仅与___________有关，而且还与________________有关，这段距离可近似看作________。

二、判断题（正确的在括号内打"√"，错误的在括号内打"×"）

1. 用偏移尾座法批量车圆锥时，如果该批工件两端中心孔深度不一致，会造成工件锥度也不一致。（ ）
2. 车圆锥时，如果刀尖没有对准工件回转轴线，则车出的工件会产生双曲线误差。（ ）
3. 工件的圆锥角为 20°时，车削时，小滑板也应转过 20°。（ ）
4. 采用偏移尾座法车外圆锥时，必须将工件用两顶尖装夹。（ ）
5. 偏移尾座法也可以加工整锥体或内圆锥。（ ）
6. 用转动小滑板法车圆锥时，调整范围小。（ ）

三、选择题（将正确答案的序号填写在括号内）

1. 万能角度尺可以测量（ ）范围内的任意角度。

A. 0° ~ 180°　　B. 0° ~ 360°　　C. 0° ~ 90°　　D. 0° ~ 320°

2. 对于标准圆锥工件或配合精度要求较高的圆锥工件，一般可以使用（ ）检验。

A. 万能角度尺　　B. 角度样板　　C. 正弦规　　D. 涂色法

3. 用圆锥套规检验外圆锥时，若工件小端的显示剂被擦去，说明圆锥角（ ）了。

A. 大　　B. 小

4. 车圆锥时，若车刀刀尖未对准工件轴线，则车出的圆锥（ ）。

A. 锥度不正确　　B. 直线度误差超差

C. 尺寸不正确

5. 用转动小滑板法车圆锥时，若最大圆锥直径靠近主轴，小滑板应（ ）。

A．逆时针转动圆锥半角 $\alpha/2$ B．顺时针转动圆锥半角 $\alpha/2$

C．逆时针转动圆锥角 α D．顺时针转动圆锥角 α

四、计算题

1．根据下列已知条件，查三角函数表，计算圆锥半角 $\alpha/2$。

（1）D=24 mm，d=20 mm，L=46 mm。

（2）D=62 mm，d=48 mm，L=108 mm。

（3）D=48 mm，d=32 mm，L=82 mm。

（4）C=1∶4。

（5）C=1∶20。

2．已知一外圆锥大端直径 D=80 mm，小端直径 d=70 mm，锥形部分长度 L=100 mm，试用近似法计算出圆锥半角 $\alpha/2$。

五、简答题

1．什么是锥度？试用公式表示锥度和圆锥半角 $\alpha/2$ 之间的关系。

2．什么是圆锥半角？

3．什么是转动小滑板法车圆锥？

4．用转动小滑板法车圆锥有什么特点？

5．简述偏移尾座法车圆锥的特点。

§2-6 车三角形螺纹

一、填空题（将正确答案填写在横线上）

1．带有螺纹的零件可以起到零件间的____、________和____等作用。

2．螺纹按牙型可分为______螺纹、矩形螺纹、____螺纹、______螺纹等。

3．螺纹按用途分为____螺纹和____螺纹。

4．螺纹的主要参数有________、螺纹小径、________、牙型角、螺纹升角、线数、____和____。

5．一般情况下，螺纹车刀切削部分的材料有______和________两种。低速车削螺纹时，用______车刀；高速车削螺纹时，用________车刀。

6．在 CA6140 型车床上车削常用螺距（或导程）的螺纹和蜗杆时，一般只要按照车床箱铭牌上标注的数据，变换____箱外、____箱外的手柄位置并配合更换____箱内的交换齿轮就可以得到常用的螺距（或导程）。

7．车三角形螺纹的方法有________和________两种。

8．低速车普通外螺纹的进刀方法有____法、____________法、________法。

9．普通外螺纹一般使用________进行测量。

二、判断题（正确的在括号内打“√”，错误的在括号内打“×”）

1．高速车螺纹时用高速钢车刀。（　　）

2．螺纹车刀工作时的前角和后角、刃磨前角和刃磨后角的数值不相同。（　　）

3．螺纹精车刀的背前角应取得较大，才能达到理想的效果。（　　）

4．同一公称直径的细牙普通螺纹比粗牙普通螺纹的螺距小。（　　）

5．高速车螺纹时，实际螺纹牙型角会变大。（　　）

三、选择题（将正确答案的序号填写在括号内）

1．普通螺纹的公称直径是指（　　）。

A．螺纹大径　B．螺纹小径　C．螺纹中径　D．外螺纹底径

2．（　　）的螺纹不是右旋螺纹。

A．顺时针旋转时旋入　B．逆时针旋转时旋入

C．逆时针旋转时旋出　D．螺纹竖直放置时右侧的牙高于左侧

3．普通螺纹的牙型角为（　　）。

A．30°　B．60°　C．55°　D．29°

4. 如果螺纹车刀的背前角为0°，其两刃夹角为60°，则车出的螺纹牙型角（　　）60°。

A. 等于　　B. 大于　　C. 小于

5. 高速车削普通螺纹时，硬质合金普通外螺纹车刀的刀尖角应选择（　　）。

A. 59° 30′　　B. 60°　　C. 60° 30′　　D. 55°

6. 为保证普通外螺纹牙顶有0.125*P*的宽度，车削前的外圆直径比螺纹公称直径小（　　）。

A. 0.5*P*　　B. 0.13*P*　　C. 0.25*P*　　D. 0.125*P*

四、计算题

1. 按表2–2的已知条件，计算出有关数据并填入表2–2中。

表2–2

序号	螺纹标记	螺距 *P*	螺纹大径 *d*
1	M6		
2	M2		
3	M20		
4	M30 × 2		
5	M48 × 1.5		

2. 车螺纹升角 ψ=3° 48′的右旋螺纹，螺纹车刀两侧切削刃的后角各应刃磨成多少度？

五、简答题

1. 高速钢和硬质合金两种螺纹车刀加工螺纹各有什么特点？

2. 螺纹车刀背前角大于0°时，对螺纹牙型会产生哪些影响？

3．低速车削普通螺纹有哪几种进刀方法？各有哪些优缺点？各适用于什么场合？

4．在图 2–3 所示的普通螺纹的牙型上标注出牙型角、螺距、螺纹大径、螺纹中径、螺纹小径和螺纹升角。

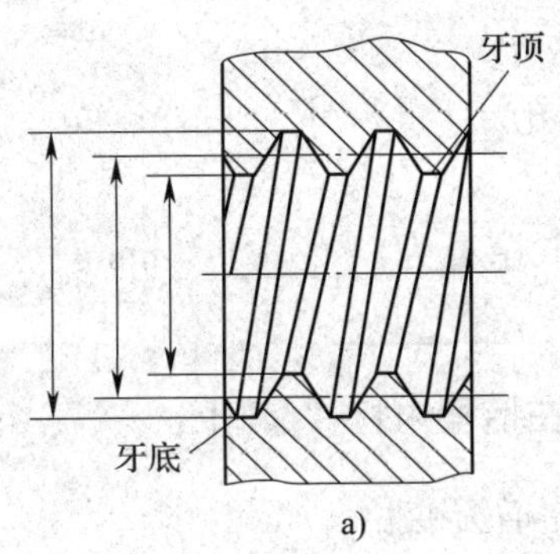

a)

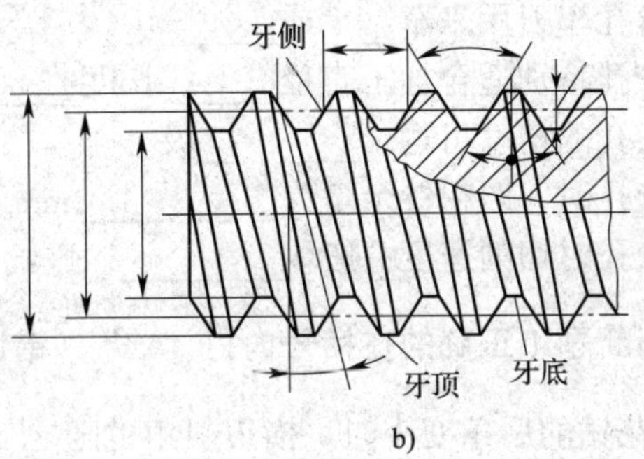

b)

图 2–3

§ 2–7　车套类零件

一、填空题（将正确答案填写在横线上）

1．麻花钻由____、____和________组成。

2．麻花钻的柄部在钻削时起____与____的作用，有____和____两种。

3．麻花钻的工作部分有两条螺旋槽，它的作用是________、________、________。

4．麻花钻的导向部分在钻削过程中起__________、________的作用，同时也是切削部分的____部分。

5. 麻花钻主切削刃上各点的前角数值是变化的，靠____处最大，自____向____逐渐减小，约在钻头直径的____处，前角由____变为______。

6. 对麻花钻前角的变化影响最大的是______。______越大，前角越大。

7. 内圆柱面常用的测量方法有用________测量、用__________测量。

8. 用塞规检测孔径时，塞规____能进入而____不能进入，说明孔是合格的；相反则不合格。

9. 用塞规检测盲孔时，为了排出孔内的空气，常在塞规的外圆上开______或在轴心处轴向钻出____。

10. 车孔精度等级可达__________级，表面粗糙度值可达__________μm，车孔还可以修正孔的______。

11. 内孔车刀可分为________和________两种。

12. 盲孔车刀用来车____或______。

13. 铰孔特别适合加工直径____、长度____的通孔。

14. 铰孔的精度可达__________级。

15. 铰孔时一般粗铰余量为__________ mm，精铰余量为__________ mm。

16. 铰孔时切削速度一般取________，进给量取__________。

二、判断题（正确的在括号内打“√”，错误的在括号内打“×”）

1. 麻花钻的后角变小时，横刃斜角也随之变小，横刃变长。 (　　)
2. 麻花钻的顶角为118°左右，横刃斜角为55°左右。 (　　)
3. 只有把麻花钻的顶角刃磨成118°时，钻头才能使用。 (　　)
4. 麻花钻的顶角大时，前角也大，切削省力。 (　　)
5. 麻花钻靠外缘处前角最大，后角最小。 (　　)
6. 棱边的作用是减小麻花钻与孔壁之间的摩擦。 (　　)
7. 前排屑通孔车刀的刃倾角为正值，后排屑盲孔车刀的刃倾角为负值。 (　　)
8. 盲孔车刀的主偏角应大于90°。 (　　)
9. 盲孔车刀的副偏角应比通孔车刀大些。 (　　)
10. 车孔时，若内孔车刀刀尖高于工件中心，则前角增大，后角减小。 (　　)
11. 内沟槽车刀的几何形状与切断刀相似。 (　　)
12. 铰孔能修正孔的直线度误差。 (　　)
13. 铰孔时，切削速度越低，表面粗糙度值越小。 (　　)
14. 铰孔前，孔的表面粗糙度值 Ra 要小于 6.3 μm。 (　　)
15. 使用浮动套筒能够改善孔的直线度和同轴度。 (　　)

三、选择题（将正确答案的序号填写在括号内）

1. 麻花钻上靠外缘处最小的角度是（　　）。

A．螺旋角　　B．前角

C．后角　　D．横刃斜角

2．标准麻花钻的螺旋角应为（ ）。

A．15°~20° B．18°~30°

C．40°~50° D．−30°~30°

3．麻花钻的螺旋角是指（ ）处的螺旋角。

A．外缘 B．钻心

C．1/3 直径 D．1/2 直径

4．麻花钻的前角在外缘处（ ），在中心处（ ）；后角在外缘处（ ），在中心处（ ）。

A．最大 B．最小 C．为 0°

5．麻花钻前角的变化范围为（ ）。

A．18°~30° B．−30°~30°

C．8°~12° D．0°~55°

6．一般标准麻花钻的顶角为（ ）。

A．118° B．100°

C．150° D．132°

7．当麻花钻的两主切削刃呈凹曲线形状时，其顶角 $2\kappa_r$（ ）118°。

A．大于 B．等于

C．小于 D．大于或等于

8．麻花钻的横刃太短，会影响钻尖的（ ）。

A．耐磨性 B．强度

C．抗振性 D．韧性

9．麻花钻的顶角增大时，前角（ ）。

A．增大 B．减小 C．无影响

10．麻花钻上磨出棱边是为了（ ）。

A．降低表面粗糙度值 B．减小与孔壁的摩擦

C．增加钻头强度

11．麻花钻的横刃斜角一般为（ ）。

A．20° B．35°

C．45° D．55°

12．麻花钻的后角增大时，横刃斜角就（ ）、横刃（ ）。

A．增大 B．减小

C．变长 D．变短

13．通孔车刀的主偏角一般取（ ），盲孔车刀的主偏角一般取（ ）。

A．35°~45° B．60°~75° C．92°~95°

14．内径千分尺的读数方法与（ ）相同。

A．百分表 B．外径千分尺 C．游标卡尺

15．当内孔精度要求不高且孔深较浅时，可用（ ）测量。

A．游标卡尺 B．内径百分表 C．内径千分尺

四、简答题

1．什么是麻花钻的顶角？

2．什么是麻花钻的横刃斜角？

3．简述麻花钻的刃磨要求。

4．车孔的关键技术是什么？应如何解决？

5．什么是铰孔？

6．简述铰孔时的注意事项。

§2-8　车削质量分析

简答题

1．钻中心孔时容易出现哪些问题？产生原因有哪些？

2．车台阶轴时产生废品的原因有哪些？应如何预防？

3．车圆锥时产生废品的原因有哪些？应如何预防？

4．车螺纹时产生废品的原因有哪些？应如何预防？

第3章 铣 削

§3-1 铣削基本知识

一、填空题（将正确答案填写在横线上）

1. 铣削是____________为主运动，_________做进给运动的切削加工方法。

2. 铣削具有较高的加工精度，其经济加工精度一般为____________级，表面粗糙度值一般为______________μm。

3. 铣削的主要特点是用旋转的________进行切削加工，所以效率较高。

4. 在铣床上使用各种不同铣床附件与铣刀可以加工____、____、____和______等。使用分度装置可加工______、__________、______和____等。

5. 铣削时，工件与____的________称为铣削运动。铣削运动的主运动是_____________。

6. 铣削用量包括__________、__________、__________、__________。

7. 铣削速度与________和________有关。铣削时，根据_________、_________________、______________等因素确定铣削速度。

8. 铣削时，铣刀在________方向上相对工件的______称为进给量。根据具体情况的需要，进给量有____________、____________、____________三种表述和度量方法。它们之间的关系是____________。

9. 铣削深度是指在____于铣刀轴线方向上测得的切削层尺寸。

10. 平面的铣削方法有____和____两种。

11. 用周铣方法铣出的平面，其平面度误差的大小主要取决于____________；用端铣方法铣出的平面，其平面度误差的大小主要取决于________与________的垂直度。

12. 铣削有____和____两种方式。

13. 端铣时，根据铣刀与工件之间的相对位置不同，可分为_____和_______两种。

二、判断题（正确的在括号内打“√”，错误的在括号内打“×”）

1. IT 表示标准公差，标准公差从 IT01 至 ITl8 共分为 18 级。 （ ）

2. IT9 级标准公差所确定的尺寸精确程度高于 IT7 级标准公差所确定的尺寸精确程度。 （ ）

3. 铣削是加工平面的主要方法之一。 （ ）

4. 经济加工精度是指在正常生产条件（设备完好，工具、夹具、量具适应，工人技术水平相当，工时定额合理）下，某种加工方法在经济效果良好（成本合理）时所能达到的公差等级。 （ ）

5．铣削时，自动进给完毕应先停止进给，再停止铣床主轴的旋转。 （ ）

6．用端铣刀铣平面，若已加工表面的刀纹呈网状，则说明铣床主轴轴线与进给方向垂直。 （ ）

7．铣削平面时，要获得较小的表面粗糙度值，无论是采用周铣还是端铣，都应减小进给速度，提高铣刀的转速。 （ ）

8．端铣时应采用对称铣削。 （ ）

9．顺铣的铣削力对工件起压紧作用，铣刀磨损慢，加工面的表面质量较高，且消耗在进给运动方面的功率也较小，因此，周铣时一般都选择顺铣方式。 （ ）

三、选择题（将正确答案的序号填写在括号内）

1．用圆柱形铣刀铣削平面，其平面度误差的大小主要取决于（ ）。

A．铣刀的圆柱度误差　　B．铣刀刀齿的锋利程度

C．铣削用量的选择　　D．铣刀螺旋角的大小

2．用端面铣刀铣削平面，影响平面度误差的因素主要是（ ）。

A．铣刀的磨损　　B．铣刀刀齿的参差不齐

C．铣削用量的选择　　D．铣床主轴轴线与进给方向不垂直

3．铣床工作台移动时，丝杠螺母副存在的间隙在工作台移动方向的（ ）。

A．前面　　B．中间　　C．后面　　D．不能确定

4．在卧式铣床上铣削不易夹紧的细长而薄的工件时，应选择（ ）。

A．对称端铣　　B．顺铣　　C．逆铣　　D．非对称逆铣

四、名词解释

1．逆铣

2．非对称铣削

3．主运动

4．铣削宽度

五、计算题

1．在 X6132 型铣床上，用直径为 63 mm 的圆柱形铣刀，以 25 m/min 的铣削速度进行铣削。铣床主轴转速至少应达到多少？

2．在 X6132 型铣床上，用直径为 80 mm 的圆柱形铣刀，以 25 m/min 的铣削速度进行铣削。铣床主轴转速应调整到多少？

3．用一把直径为 20 mm、齿数为 3 的立铣刀，在 X5032 型铣床上铣削平面，每齿进给量 f_z 为 0.04 mm/ 齿，铣削速度 v_c 为 20 m/min，试计算铣床的转速和进给速度。

4．在 X6132 型铣床上，用直径为 80 mm、齿数为 8 的圆柱形铣刀铣削平面，铣削速度 v_c 为 25 m/min，每齿进给量 f_z 为 0.05 mm/ 齿，试计算铣床的转速和进给速度。

5．用一把直径为 25 mm、齿数为 3 的立铣刀，在 X5032 型铣床上铣削平面，每齿进给量 f_z 为 0.04 mm/ 齿，铣削速度为 24 m/min，试计算铣床的转速和进给速度。

六、简答题

1．简述铣削的基本内容。

2．什么是铣削宽度和铣削深度？在圆周铣和端铣中如何表示？

3．什么是进给量 f？铣削中进给量有哪三种表述和度量的方法？它们之间的关系如何？

§3–2　铣　　床

一、填空题（将正确答案填写在横线上）

1．常用的铣床有_____________、_____________、____________和________四种。

2．X6132 型铣床横梁和挂架的主要作用是用来支撑__________以增强刀杆的____。

3．X6132 型铣床的主轴是一前端带有锥度为______锥孔的空心轴，用来安装______________，并传递____和动力。

二、判断题（正确的在括号内打“√”，错误的在括号内打“×”）

1．卧式铣床主轴轴线与工作台台面平行，立式铣床主轴轴线与工作台台面垂直。（　　）

2．X6132 型铣床是卧式铣床，因此不能完成立式铣床的工作。（　　）

3．X6132 型铣床的工作台在水平面内能做 ±45° 范围内的任意扳转，而 X5032 型铣床的工作台在水平面内不能扳转。（　　）

三、选择题（将正确答案的序号填写在括号内）

1．X6132 型铣床工作台在水平面内的扳转范围是（　　）。

A．±25°　　B．±30°　　C．±45°　　D．±60°

2．铣床的床身一般用（　　）铸成，并经精密的切削加工和时效处理。

A．铸钢　　B．优质灰铸铁

C．可锻铸铁　　D．球墨铸铁

3．X6132 型铣床工作台纵、横、垂直三个方向的进给速度都有（　　）种。

A．16　　B．17　　C．18　　D．19

四、名词解释（解释下列机床型号的含义）

1．X6132

2．X5032

3．X8126

4．X2010

§3–3 铣 床 附 件

一、填空题（将正确答案填写在横线上）

1．在铣床上加工中、小型工件时，一般多采用____________装夹；加工大、中型工件则多采用直接在__________上用____来装夹。

2．在卧式铣床工作台上安装平口钳时，钳口的方向应根据__________来确定。装夹长的工件，钳口平面应与铣床主轴轴线____；装夹短的工件，钳口平面应与铣床主轴轴线____。

3．机用平口虎钳用以____定位和夹紧____型工件。它的规格以钳口为标准，有____mm、____mm、____mm、____mm、____mm 和____mm 等几种。

4．铣床上使用的分度头有____分度头、____分度头、____分度头等。

5．FW250 型万能分度头的蜗杆蜗轮副的传动比是______，40 也称为分度头的____。

6. 简单分度法又称____分度法。分度时先将______固定，转动________，通过蜗杆带动蜗轮旋转，从而带动____和工件转过一定的转（度）数。

7. 用简单分度法做 14 等分时，每次分度，分度手柄应转____r 且在孔数为____的孔圈上转过____个孔距。

二、判断题（正确的在括号内打“√”，错误的在括号内打“×”）

1. 用机用平口虎钳装夹工件，既可以进行周铣，也可以进行端铣，但仅适用于中、小型工件的铣削。（　　）

2. 对于较大型的工件，一般采用机用平口虎钳装夹；对小型工件则多是在铣床工作台上用压板来装夹。（　　）

3. 分度盘用来配合分度手柄完成非整转数的分度工作。（　　）

4. 分度时，如果分度手柄需要在某孔圈上转过 k 个孔距，那么应调整分度叉的夹角，使两叉脚间包含 k 个孔。（　　）

5. 在分度头的侧轴与主轴之间安装交换齿轮是为了进行差动分度。（　　）

6. 简单分度时，分度盘应固定不动；差动分度时，分度盘随主轴的转动而转动。（　　）

7. 分度头无论配备 1 块还是 2 块分度盘，分度盘上各孔圈的孔数是相同的。（　　）

8. 利用分度盘上的孔圈和分度叉，可以进行 2 ~ 66 任意等分数的简单分度。（　　）

9. 手动回转工作台只能手动进给，机动回转工作台只能机动进给。（　　）

三、选择题（将正确答案的序号填写在括号内）

1. 下列各等分数中，不能进行简单分度的有（　　）。

A. 24　　B. 61　　C. 105　　D. 63

2. FW250 型万能分度头主轴两端锥孔的锥度为（　　）。

A. 7 : 24　　B. 莫氏 4 号

C. 莫氏 5 号　　D. 1 : 20

3. 在 FW250 型万能分度头上铣削齿数 z=60 的直齿圆柱齿轮，每铣一齿，分度手柄应转过（　　）r。

A. 1/2　　B. 2/5

C. 2/3　　D. 1/4

四、计算题

1. 在 FW250 型万能分度头上铣削齿数 z=52 的直齿圆柱齿轮时应如何分度？

2．在 FW250 型万能分度头上铣削一个正八边形的工件，试求每铣一边后分度手柄的转数。

3．在 FW250 型万能分度头上铣削一六角头螺栓的六方，每铣一面，分度手柄应转过多少转？

4．在 FW250 型万能分度头上装夹工件，铣削夹角为 116°的两条槽，求分度手柄的转数。

五、简答题

1．万能分度头的主要功用有哪些？

2．什么是万能分度头的定数？常用分度头的定数是多少？

§3-4 常用铣刀

一、填空题（将正确答案填写在横线上）

1. 铣刀切削部分的常用材料有______和________两大类。
2. 圆柱铣刀的主要几何角度包括______、______、________和______。
3. 加工平面用的铣刀有________和______两种。

二、判断题（正确的在括号内打“√”，错误的在括号内打“×”）

1. 加工较大的平面，也可用立铣刀和三面刃铣刀。（ ）
2. 圆柱形铣刀的刀齿制成螺旋形可以使铣削平稳、排屑顺畅。（ ）
3. 在半圆铣刀上标注的尾数为 8*R* 等，表示此种铣刀的刀头圆弧半径为 8 mm。（ ）

三、选择题（将正确答案的序号填写在括号内）

1. 加工直角沟槽用的铣刀主要有立铣刀、三面刃铣刀、键槽铣刀、（ ）和锯片铣刀等。

A．T 形槽铣刀　　B．燕尾槽铣刀
C．角度铣刀　　D．盘形铣刀

2. 对铣刀切削部分材料的基本要求是：高硬度、高耐磨性、足够的强度和韧性、高的热硬性和（ ）。

A．良好的工艺性　　B．高的耐腐蚀性
C．高导热性　　D．高导电性

四、名词解释

1. 圆柱铣刀的前角

2. 圆柱铣刀标记 63 × 50 × 27

3. 角度铣刀标记 60 × 16 × 22 × 55°

五、简答题

铣刀按用途可分为哪几类?

§3-5 铣 平 面

一、填空题（将正确答案填写在横线上）

1. 平面质量的好坏主要从平面的______和表面的________两个方面来衡量，分别用______和__________两项来考核。

2. 铣削有____和____两种方式。

3. 端铣时，根据铣刀与工件之间的相对位置不同，可分为______和________两种。

4. 铣削斜面的方法有______________、______________和________________三种。

5. 工件基准面与工作台台面平行装夹工件，用圆周刃铣削斜面，立铣头扳转的角度 $\alpha =$______；用端面刃铣削斜面，立铣头扳转的角度 $\alpha =$____。

二、判断题（正确的在括号内打“√”，错误的在括号内打“×”）

1. 当工件的加工面为短而宽的平面时，其钳口应与铣床主轴垂直。 （ ）

2. 表面粗糙度一般采用标准样板来测量。 （ ）

3. 工件基准面与工作台台面垂直装夹工件，用端面刃铣削斜面时，立铣头扳转的角度应等于斜面倾斜角度，即 $\alpha = \beta$ 。 （ ）

三、简答题

斜面的角度检验方法有哪几种?

§3-6 铣 台 阶

一、填空题（将正确答案填写在横线上）

1. 在铣削时铣刀容易向不受力的一侧偏让，这种现象称为“____”。

2. 在铣削宽度不太宽的台阶时，一般都采用______铣刀加工。

3. 用两把三面刃铣刀组合铣削双面台阶时，两把铣刀必须____一致、____相同，两铣刀内侧切削刃间距离等于__________________，安装铣刀时，两铣刀的切削刃应__________。

4. ________的台阶或多级台阶，可用____铣刀在立式铣床上加工。

二、判断题（正确的在括号内打“√”，错误的括号内打“×”）

1. 宽度较宽而深度较浅的台阶，常使用立铣刀在立式铣床上加工。（　　）

2. 为了减少“让刀”现象对精度较高台阶的影响，除了选用错齿三面刃铣刀铣削外，通常台阶应先经粗铣切除大部分余量后，再精铣达到规定要求。（　　）

三、简答题

1. 立铣头、工作台的“零位”不准，对铣出的台阶、直角沟槽的尺寸、形状和位置精度有什么影响？

2. 简述台阶的铣削方法。

§3–7 铣　　槽

一、填空题（将正确答案填写在横线上）

1. 槽的种类很多，按槽的截面形状分，有________、____、________等；按槽的走向分，有______、______、______等。

2. 直角沟槽主要用__________铣削，当槽宽大于25 mm时，大都采用______铣削。

3. 由于立铣刀的端面切削刃不通过________，因此，用立铣刀铣削封闭式直角沟槽时应预钻______。

4. 用三面刃铣刀铣直角沟槽，当槽宽尺寸精度要求较高时，通常选择宽度________的三面刃铣刀，采用____法，分_______________将槽宽铣削至要求。

5. 常见的特形沟槽有____槽、____槽、____槽和______槽等。

6. T形槽由____和____组成。

7．燕尾槽结构主要用作____运动的____件或____件。燕尾槽的槽角普遍采用____。

二、判断题（正确的在括号内打“√”，错误的在括号内打“×”）

1．在卧式铣床上用三面刃铣刀铣削直角斜通槽，应先校正固定钳口与纵向进给方向平行，然后将工作台扳转一个斜角，装夹工件进行铣削。（　　）

2．用分度头主轴与尾座的两顶尖安装工件，虽然工件直径有变化，但工件轴线位置不变，因此，铣出的轴槽深度和对称度都一致，没有误差。（　　）

3．用立铣刀铣穿通的封闭槽和用T形槽铣刀铣两端不穿通的T形槽，铣削前都应该钻落刀孔，落刀孔的直径应略小于立铣刀或T形槽铣刀切削部分的直径。（　　）

4．燕尾结构的燕尾槽和燕尾之间有相对直线运动。（　　）

三、选择题（将正确答案的序号填写在括号内）

1．用宽度为12 mm的盘形槽铣刀铣轴槽，轴的直径为40 mm，采用擦侧面调整对中心，贴纸厚度0.12 mm，当铣刀切削刃轻擦贴纸后，降下工作台并退出工件，然后将工作台横向移动（　　）mm。

A．46.12　　B．32.12　　C．26.12　　D．26.06

2．成批生产中，采用一次调整、定距切削铣轴上键槽，工件采用（　　）装夹时，工件直径的变化对轴上键槽深度和对称度误差影响最小。

A．机用平口虎钳　　B．V形垫铁

C．工作台中央T形槽　　D．分度头、尾座两顶尖

3．V形槽两侧面间的夹角（槽角）一般为60°或90°，也有120°的，槽角为（　　）的V形槽最为常用。

A．60°　　B．90°　　C．120°

四、简答题

1．铣轴上键槽时，轴类工件有哪几种装夹方法？在成批生产中采用定距切削铣轴槽时，各装夹方法对轴槽深度和对称度的影响如何？

2．简述轴槽中心平面对轴线对称度误差的检测方法。

§3-8 孔 加 工

一、填空题（将正确答案填写在横线上）

1. 在铣床上钻孔________是主运动，工件或钻头沿____的移动是进给运动。

2. 铰孔是用____从工件孔壁上切除__________，以获得较高________和较小__________的方法。

3. 选择铰孔余量时，应考虑________、________、________、__________、________以及铰刀类型等因素。

4. 在铣床上镗孔，孔径尺寸的加工精度可达____________级，表面粗糙度值可达____________μm，孔距精度可控制在______mm 左右。

二、判断题（正确的在括号内打“√”，错误的在括号内打“×”）

1. 钻孔时，麻花钻主切削刃上各点处的切削速度不一样，外缘处最大，钻心处的切削速度为零。（　　）

2. 在分度头上装夹工件钻孔主要用于钻削盘形工件上沿圆周均布的孔系，而沿圆周非均布的孔系就不宜在分度头上钻削。（　　）

3. 铰孔是一种孔的精加工方法，可以提高孔的尺寸精度、形状和位置精度。（　　）

三、选择题（将正确答案的序号填写在括号内）

1. 在铣床上按划线钻孔，试钻少许后发现偏心时，一般用（　　）的方法重新进行校准。

A. 錾浅槽　　B. 移动工件

C. 将钻头横刃磨短　　D. 更换钻头

2. 在铣床上用机用铰刀铰削直径为 16 mm 的孔时，铰削余量一般取（　　）mm。

A. 0.05　　B. 0.10　　C. 0.20　　D. 0.50

3. 在铣床上镗孔，孔距精度可控制在（　　）mm 左右。

A. 0.01　　B. 0.02　　C. 0.05　　D. 0.10

四、简答题

1. 钻孔时工件的装夹方法有哪些？

2．孔距的加工方法有哪些？

3．铰孔余量的确定应考虑哪些因素？

§3–9　铣削质量分析

简答题

1．铣台阶、直角沟槽时影响表面粗糙度的因素有哪些？

2．简述铣平面时出现“深啃”现象的原因及预防方法。

第4章 刨 削

§4-1 刨削基本知识

一、填空题（将正确答案填写在横线上）

1. 刨床按结构特征可分为________、________和____。
2. 牛头刨床的工作运动分为______和________。
3. 工作台的作用是________。
4. 滑枕用于带动____做往复直线运动。
5. 床身用来____和____牛头刨床的各个部件。
6. 刨削的加工精度一般为__________级。
7. 刀架用以装夹____，转动刀架手柄，滑板可沿转盘上的导轨上下移动，移动距离可在手柄的______上读出。
8. 刨刀装夹在____上，在刨削的回行程时，刨刀会由于惯性而随抬刀板绕刀座上的轴自由上抬而离开工件表面，以减小____与____之间的摩擦。

二、判断题（正确的在括号内打“√”，错误的在括号内打“×”）

1. 床身用来支撑和连接刨床的各个部件。（　　）
2. 床身的顶面导轨可供滑枕做往复运动，可供横梁和工作台升降。（　　）
3. 滑枕带动刨刀做直线往复运动，其前端装有刀架。（　　）

三、选择题（将正确答案的序号填写在括号内）

1. 牛头刨床刨削时的往复运动是（　　）。
   A．主运动　B. 进给运动　C. 切削运动
2. 牛头刨床刨削时，工作台的间隙横向移动是（　　）。
   A．主运动　B．进给运动　C．切削运动
3. 一般来讲表面越粗糙，磨损就越（　　）。
   A．快　B．慢

四、简答题

1. 刨床工作的基本内容有哪些？

2．刨削加工的特点是什么？

§4-2 刨　　刀

一、填空题（将正确答案填写在横线上）

1．刨刀按加工形式分为________、____、____、______、弯切刀和角度刀等。
2．平面刨刀用来加工______。
3．偏刀用来加工______、______和____。
4．切刀用来加工______和____。
5．角度刀用来加工________的表面，如燕尾槽等。
6．弯切刀用来加工______等。

二、判断题（正确的在括号内打“√”，错误的在括号内打“×”）

1．为了增加粗刨刀刀头强度，刃倾角一般取 $-5°\sim-15°$。（　　）
2．对平面精刨刀来说，为了减小切屑变形，前角一般取较小值。（　　）

三、简答题

1．怎样安装刨刀？

2．弯头刨刀与直头刨刀相比有什么优点？

§4-3 工 件 装 夹

一、填空题（将正确答案填写在横线上）

1. 在机用平口虎钳上装夹工件，按定位方式分类，安装可分为______定位、______定位和__________定位。
2. 用机用平口虎钳装夹工件，工件的加工表面应____钳口。

二、简答题

1. 装夹工件的方法有哪几种？

2. 用机用平口虎钳装夹工件应怎样给工件定位？

3. 简述用压板装夹工件的适用场合及注意事项。

§4-4 刨 平 面

一、填空题（将正确答案填写在横线上）

1. 刨水平面是指利用工作台________来刨削平面的加工方法。
2. 刨垂直面是指用____________来刨削平面的加工方法。
3. 垂直面是指与______成 90°的平面。
4. 在刨斜面的方法中，最常用的方法是________法。
5. 刨直槽时，一般采用____刀。
6. 除刨直槽外，常见的沟槽刨削还有刨______、刨______、刨______等。

二、简答题

1．刨平面时，粗刨的选择原则是什么？

2．刨垂直面时的切削用量如何选择。

3．简述倾斜刀架法刨斜面的步骤及方法。

§4-5 刨 沟 槽

简答题

刨较窄的直槽时，刨刀很容易崩断，常见的断刀原因是什么？

§4-6　刨削质量分析

简答题

1．试分析尺寸精度不合格的原因及预防方法。

2．试分析位置精度超差的原因及预防方法。

3．试分析平面度超差的原因及预防方法。

4．试分析表面粗糙度不符合要求的原因及预防方法。

第5章　磨　　削

§5-1　磨削基本知识

一、填空题（将正确答案填写在横线上）

1．磨削是用____以较高的_______对工件表面进行加工的方法。经过磨削的零件有很高的____和很小的_________。普通磨削时，主运动是_________运动。

2．磨床的工作范围很广，它可以磨____、____、____、______、____、____和____等。

3．磨床的种类很多，根据用途不同可分为________、________、________、________、螺纹磨床、凸轮磨床、_______和光学曲线磨床等。

4．M1432A 型万能外圆磨床可用来加工内外_____和______以及_______，加工精度可达_________级，表面粗糙度值可达__________μm。

5．M7120 型平面磨床是一种_______平面磨床。磨削时，根据工件_______、____及____不同，可将工件装夹在_______上或用____、____将工件装夹在_____上。其加工精度在 500 mm 长度上两平面的平行度不大于_____mm，表面粗糙度值可达__________μm。

6．一般磨床用“____”表示，光整加工磨床用“____”表示，专用磨床用“____”表示。分别用“Y”和“S”表示____磨床、____磨床。

7．常用的磨床通常由____、______、______、____和____等部件组成。

二、选择题（将正确答案的序号填写在括号内）

1．外圆磨床的主运动为（　　）。

A．工件的圆周进给运动

B．砂轮的高速旋转运动

C．工件的纵向进给运动

2．M1420 所代表的磨床类型是（　　）。

A．外圆磨床　　B．曲轴磨床

C．平面磨床　　D．花键磨床

3．磨削加工的尺寸精度等级和表面粗糙度值可达（　　）。

A．IT6 ~ IT5 级、*Ra*0.04 ~ 0.02 μm　　B．IT8 ~ IT7 级、*Ra*1.6 ~ 0.8 μm

C．IT7 ~ IT6 级、*Ra*0.8 ~ 0.4 μm　　D．IT6 ~ IT5 级、*Ra*0.8 ~ 0.2 μm

4．砂轮在磨削中的自锐作用可以（　　）。

A．修正砂轮形状的失真　　B．使砂轮保持良好的磨削性能

C．免除砂轮的修整　　D．提高工件的表面质量

5．磨床设备上的照明灯使用的电压为（　　）V。

A．24　　B．220　　C．380　　D．110

三、简答题

1．什么是磨削？磨削能达到什么精度等级与表面粗糙度值？

2．磨床有哪些种类？可以在磨床上完成的工作有哪些？

3．以 M1432A 万能外圆磨床为例，说明它的结构组成。

4．磨外圆和磨平面时各有哪些基本运动？

5．磨削加工具有哪些特点？

§5–2　砂　　轮

一、填空题（将正确答案填写在横线上）

1．砂轮由____、______和____三要素组成。它的性能主要由____、____、______、____和____五个方面的因素所决定。

2．普通砂轮所用的磨料主要有______类（____类）和______类。

3．粒度是指砂轮中_______的大小。粒度有____和_______两种表示方法。

4．砂轮结合剂的作用是将____黏合起来，使砂轮具有一定的____、____和______、____等性能。

5．砂轮的硬度是指____在外力作用下从其____脱落的难易程度，也反映____与______的黏结程度。

6．工件材料越硬，应选用越____的砂轮。

7．砂轮的组织是指____、______和____三者____的比例关系，用来表示结构疏密程度。

8．砂轮的平衡程度是____主要性能指标之一。砂轮的____如果与它的_______不重合，砂轮就不平衡，转动时易振动，会降低加工精度。

9．对于磨削砂轮的选择，刚玉砂轮适合磨削____材料，碳化物砂轮适合磨削____材料。

二、判断题（正确的在括号内打“√”，错误的在括号内打“×”）

1．砂轮的硬度就是指砂轮磨粒的硬度。（　　）

2．同种磨料制成的各种不同形状和尺寸的砂轮，其硬度相同。（　　）

3．工件材料硬，选择砂轮磨料的硬度应更硬。（　　）

4．磨削高硬度的材料，应选用软砂轮。（　　）

5．刚玉类磨料的主要成分是氧化铝。（　　）

6．磨削一般钢材可选用人造金刚石砂轮。（　　）

7．被加工的工件材料硬度越高，产生的磨削力越大。（　　）

8．磨削容易变形的工件时，应选用硬度较硬、粒度较细的砂轮。（　　）

9．粒度是表示网状空隙大小的参数。（　　）

10．砂轮的组织号越小越紧密。（　　）

11．砂轮的安全线速度一般为 30 m/s。（　　）

12．新砂轮安装好以后，一般只需平衡一次就可以使用了。（　　）

13．为了紧固砂轮，可以接长手柄来拧紧法兰盘。（　　）

14．砂轮的重心与其回转中心不重合，砂轮高速回转时会产生很大的惯性力，引起振动，降低磨削质量，甚至造成事故。因此，安装好的砂轮必须进行静平衡。（　　）

三、选择题（将正确答案的序号填写在括号内）

1．构成砂轮结构的三要素是（　　）。

A．磨料、结合剂、气孔　　B．粒度、强度、硬度

C．形状、尺寸、组织　　D．磨粒、形状、硬度

2．氧化物砂轮适宜磨削（　　）。

A．钢件　　B．有色金属　　C．铸件

3．粒度的选择是按工件表面粗糙度和加工精度选择的，一般常用粒度是（　　）。

A．80 ~ 100　　B．120 ~ 240　　C．W14 ~ W10

4．精密磨削时，应选用的砂轮粒度为（　　）。

A．40 ~ 60　　B．60 ~ 80

C．100 ~ 240　　D．240 ~ W20

5．砂轮的硬度是指（　　）。

A．砂轮所用磨料的硬度　　B．砂轮内部结构的疏密程度

C．磨粒从砂轮表面脱落的难易程度　　D．结合剂黏结磨粒的牢固程度

6．用 46 号粒度的砂轮比用 60 号粒度的砂轮磨削工件表面所得表面粗糙度数值（　　）。

A．小　　B．相同　　C．不能确定　　D．大

7．白刚玉的代号是（　　）。

A．GC　　B．WA　　C．A　　D．MA

四、名词解释

1．砂轮

2．粒度

3．砂轮硬度

4．结合剂

5．自锐性

五、简答题

1．磨粒粒度的选择原则是什么？

2．怎样选择砂轮硬度？

3．常用磨料有哪些力学性能？适用的磨削范围如何？

4．砂轮为什么要进行静平衡？

5．砂轮磨钝以后一般发生哪些现象？

6．简述砂轮的修整方法。

§5–3　磨 削 用 量

一、填空题（将正确答案填写在横线上）

1．以外圆磨削为例，磨削用量包括______________、______________、______________和__________。

2．磨削速度的大小不仅直接影响________，而且对__________也有影响。

3．纵向进给量的大小直接影响工件__________和________。纵向进给量大，会_____磨粒切削负荷，磨削力随之_____，且_____烧伤工件。

4．粗磨钢件时，进给量一般取________________；粗磨铸铁时，进给量取________________；

精磨时，进给量取______________。T 表示________。

5．外圆磨削的磨削深度很小，一般取____________mm，精磨时选____，粗磨时选____。

二、简答及计算题

1．如何合理选用磨削用量?

2．已知砂轮直径为 400 mm，砂轮转速为 1 670 r/min，试求砂轮的圆周速度。

3．已知砂轮宽度 T=40 mm，纵向进给量 f=0.4 T，工件转速 n_w=224 r/min，求工作台纵向进给速度。

4．普通外圆磨床上的砂轮主轴的转速是 1 800 r/min，砂轮直径为 400 mm，该砂轮的圆周速度是否安全?

5．图 5–1 所示为外圆磨床横向进给机构，根据图中数据试计算手轮上每格的横向进给量。

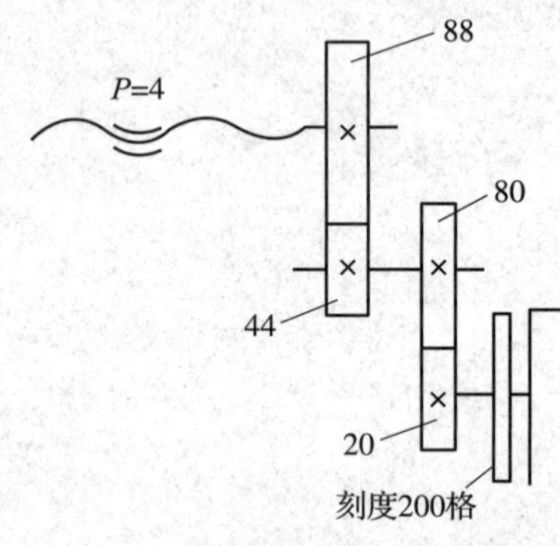

图 5–1　外圆磨床横向进给机构

§5–4　磨　外　圆

一、填空题（将正确答案填写在横线上）

1．外圆磨削是一种常用的____方法，对____、____及________零件的________及________进行磨削，是外圆______的主要方法。磨削精度可达______级，表面粗糙度值可达__________μm。

2．装夹砂轮之前，首先要仔细检查是否有____，然后将（平形）砂轮安装在______上。

3．外圆磨削时，工件的装夹方法有用___________________装夹、用_________________装夹、用____________________装夹。

4．外圆磨削的方法有______、______、__________和__________。

5．横磨法又称__________。磨削时，砂轮只做____或____的横向进给运动，而无____________，直到磨去________为止。

二、判断题（正确的在括号内打“√”，错误的在括号内打“×”）

1．圆周磨的特点是砂轮与工件接触面积大，排屑和冷却条件好，工件发热变形小。（　　）

2．磨削既可加工淬硬后的表面，又可加工未经淬火的表面。（　　）

3. 加工外圆的设备有车床、外圆磨床和铣床。 ( )

4. 外圆磨床只能加工外圆表面，不能加工内圆表面。 ( )

5. 外圆磨床可用于加工零件的内、外圆表面，平面磨床可用于加工零件的平面。 ( )

6. 万能外圆磨床的头架和砂轮架可以绕垂直轴线扳转，并附带有内圆磨具，它除了能磨削外圆柱面、外圆锥面外，还可以在一定程度上完成内圆磨床的工作，如磨内圆柱孔、内圆锥孔。此外，它还能磨平面。 ( )

7. 在外圆磨床上用纵磨法磨外圆，可以获得较高的加工精度、较小的表面粗糙度和较高的生产率，因此应用广泛。 ( )

8. 在万能外圆磨床上磨外圆柱面，工件的回转方向与砂轮的回转方向相同。 ( )

9. 磨端面时，需将砂轮端面修成平面。 ( )

三、选择题（将正确答案的序号填写在括号内）

1. 外圆磨床的主运动为（ ）。

   A. 工件的圆周进给运动　　B. 砂轮的高速旋转运动

   C. 工件的纵向进给运动

2. 外圆磨削砂轮的圆周速度一般为（ ）m/s。

   A. 30 ~ 35　　B. 20 ~ 30　　C. 18 ~ 25

3. 表面烧伤易发生在（ ）过程中。

   A. 车削　　B. 铣削　　C. 磨削

4. 为了获得较小的表面粗糙度，在磨削零件外圆表面时应选择（ ）进行加工。

   A. 纵磨法　　B. 横磨法　　C. 深度磨削法　　D. 分段磨削法

四、简答题

1. 外圆磨削可以达到什么精度？

2. 外圆磨削用量包括哪些参数？

3．外圆磨削时，砂轮选择的注意事项有哪些？

4．外圆磨削时，工件的装夹方法有哪些？

5．外圆磨削的方法有哪些？

6．某轴类材料为 40Cr，表面硬度为 58HRC，尺寸精度为 IT7 级，试确定其加工方案。

§5-5 磨 平 面

一、填空题（将正确答案填写在横线上）

1．当零件上平面的______、__________或平面间____________要求较高时，可用____来加工。特别是加工淬硬平面时，更宜用____加工。

2．按磨头和工作台的结构特点，可将平面磨床分为以下几种：__________平面磨床、________平面磨床、________平面磨床、________平面磨床。

3．由于平面磨床有______和______之分，所以平面磨削方式也分为__________和________

两种。

4．平面磨削方法有__________、__________和__________。

5．平面磨削的通用夹具最常用的是________。

6．在平面磨床上进行平面的精加工，主要用于中、小零件的______表面和______表面的加工。

二、判断题（正确的在括号内打“√”，错误的在括号内打“×”）

1．磨削平面的加工精度可达 IT7 级。（　　）

2．圆周磨削平面时采用平形砂轮，而端面磨削平面时则多采用筒形砂轮。（　　）

3．平面磨床加工薄板工件时，一般直接用电磁吸盘吸牢进行加工。（　　）

三、选择题（将正确答案的序号填写在括号内）

1．平面磨床使用的电磁吸盘是（　　）。

A．根据电磁效应原理制成的　　B．用永久磁铁制成的

2．平面磨削砂轮的圆周速度一般为（　　）m/s。

A．30 ~ 35　　B．20 ~ 30　　C．18 ~ 25

3．在平面磨床上精磨平面时应采用（　　）。

A．圆周磨　　B．端面磨　　C．外圆磨

4．平面磨削不宜加工（　　）。

A．钢件　　B．铸件　　C．有色金属材料

5．采用圆周磨削磨平面的平面磨床有（　　）。

A．卧轴矩台平面磨床　　B．立轴矩台平面磨床

C．卧轴圆台平面磨床　　D．立轴圆台平面磨床

四、简答题

1．磨削平行面时，应注意什么工艺问题?

2．如何在平面磨床上磨削薄板工件及两面垂直的工件?

3．磨削平面的方式有哪几种？

4．在卧轴矩台平面磨床上磨削平面有哪些方法？

5．引起砂轮不平衡的原因是什么？

6．平面磨削时，应如何选择第一次定位基准？

§5–6　磨削质量分析

简答题

1．为什么要划分粗磨和精磨？

2. 磨削工件外圆时，产生直波形振痕的原因是什么？

3. 工件外圆表面在磨削过程中产生螺旋形痕迹的主要原因是什么？应如何预防？

4. 平面磨削时，尺寸超差的原因有哪些？应如何预防？

5．外圆磨削中工件表面烧伤的预防方法有哪些？

6．磨削过程中，影响工件表面粗糙度的因素有哪些？

7．平面磨削中平行度超差的原因有哪些？应如何预防？

8．磨削轴类零件时，轴肩端面有跳动的原因是什么？应如何预防？

9．外圆磨削中工件产生圆度误差的原因是什么？应如何预防？

第6章 数 控 加 工

§6-1 数控加工基本知识

一、填空题（将正确答案填写在横线上）

1．世界上第一台数控机床成功研制于______年，是______________与____________共同研制而成。

2．CNC 系统的硬件结构和计算机系统一样，分为____和____两大部分。

3．数控机床按控制系统的特点分为________、________和________。

4．现代数控机床一般由________、________、________、____________、____________和________组成。

5．数控机床按伺服系统的类型分为______________________、_____________________和_____________________________。

二、简答题

1．简述开环控制数控机床、闭环控制数控机床、半闭环控制数控机床的特点。

2．什么是 CN 和 CNC？两者有什么区别？

3．与普通机床相比，数控机床的特点是什么？

§6–2 数控车削

一、填空题（将正确答案填写在横线上）

1．一个完整的加工程序应包括______、________和________三部分。

2．切削用量的三要素是________、________和______。

3．在 G00 指令格式中，X 表示____值，U 表示____值。

4．数控车床的固定循环指令一般分为________________指令和________________指令。

5．数控车床编程时按坐标值的不同可分为______编程和____编程两种。

6．G00 指令的格式是____________________，G01 指令的格式是____________________。

7．通过主程序中的_____指令可以调用子程序。

8．子程序结束没有____________时将不能返回主程序。

9．准备功能 G 根据功能的不同可分________和______。

10．数控车削过程中进给速度包括__________和__________。

11．数控编程是指从获得________到________________的全过程。

12．在数控车床中，*Z* 轴的方向是____的方向，其正方向为____________。

13．在数控车床中，*X* 轴的方向是__________的方向，其正方向为______。

14．数控车床坐标系可分为__________和__________。

二、（正确的在括号内打"√"，错误的在括号内打"×"）

1．在精车循环 G70 状态下，在 *ns* ~ *nf* 程序段中指定的 F、S、T 无效。（　）

2．在精车循环 G70 状态下，在 *ns* ~ *nf* 程序段中不指定 F、S、T 时，粗车循环中指定的 F、S、T 有效。（　）

3．顺时针圆弧插补（G02）和逆时针圆弧插补（G03）判别方向的方法是：沿着不在圆弧平面内的坐标轴正方向向负方向看去，顺时针方向为 G02，逆时针方向为 G03。（　）

4．同一工件，无论用数控车床加工还是用普通车床加工，其工序都一样。（　）

5．G00 指令表示快速点定位。（　）

6．G04 P2 表示暂停 2 s。（　）

7．数控技术是一种自动控制技术。（　）

8．G40 是数控编程中的刀具左补偿指令。（　）

9．判断刀具左右偏移指令时，必须对着刀具前进方向判断。（　）

10．同组模态 G 代码可以放在一个程序段中，而且与顺序无关。（　）

11．数控程序中刀号与刀补号必须相同。（　）

12．执行"M30"指令后，除完成 M02 的内容外，不自动返回程序开头。（　）

13．数控机床开机后，必须先返回机床参考点。（　　）

14．数控机床上的 F、S 和 T 就是切削三要素。（　　）

15．圆弧插补用半径编程时，当圆弧所对应的圆心角大于 180° 时半径取负值。（　　）

三、选择题（将正确答案的序号填写在括号内）

1．在 G00 指令格式 G00 X（U）__Z（W）__中，X、Z 代表（　　）。

A．绝对坐标　　B．增量坐标　　C．字母　　D．坐标轴

2．在 G00 指令格式 G00 X（U）__Z（W）__中，X 后面的数值一般表示（　　）。

A．半径值　　B．直径值　　C．轴向值　　D．坐标值

3．G00 指令的含义是（　　）。

A．圆弧插补　　B．快速定位　　C．直线插补　　D．循环指令

4．G01 指令的含义是（　　）。

A．圆弧插补　　B．快速定位　　C．直线插补　　D．循环指令

5．在 G90 指令格式 G90 X（U）__Z（W）__F__中，X、Z 代表（　　）。

A．切削终点绝对坐标　　B．切削终点增量坐标

C．运动终点绝对坐标　　D．运动终点增量坐标

6．在 G90 指令格式 G90 X（U）__Z（W）__F__中，U、W 代表（　　）。

A．切削终点绝对坐标　　B．切削终点增量坐标

C．运动终点绝对坐标　　D．运动终点增量坐标

7．下列指令中属于端面切削循环指令的是（　　）。

A．G90　　B．G94　　C．G70　　D．G73

8．下列指令中属于外圆切削循环指令的是（　　）。

A．G94　　B．G71　　C．G90　　D．G73

9．下列指令中属于单一固定形状循环指令的是（　　）。

A．G90　　B．G71　　C．G70　　D．G73

10．下列指令中属于数控车床的固定形状粗车循环指令是（　　）。

A．G70　　B．G71　　C．G72　　D．G73

11．下列指令中属于数控车床的外径粗车循环指令是（　　）。

A．G70　　B．G71　　C．G72　　D．G73

12．下列指令中属于数控车床的端面粗车循环指令是（　　）。

A．G70　　B．G71　　C．G72　　D．G73

13．下列指令中属于数控车床的精车固定循环指令是（　　）。

A．G70　　B．G71　　C．G72　　D．G73

14．数控系统常用的两种插补功能是（　　）。

A．直线插补和螺旋线插补　　B．螺旋线插补和抛物线插补

C．直线插补和圆弧插补　　D．圆弧插补和螺旋线插补

15．数控车床不可以加工（　　）。

A．螺纹　　B．键槽　　C．外圆柱面　　D．端面

四、名词解释

G02：	G03：	G40：
G41：	G42：	G90：
G91：	G98：	G99：
M00：	M03：	M04：
M05：	M98：	M99：

五、简答题

1．简述 G00 和 G01 的含义及其在格式上的区别。

2．简述 G71 复合循环的格式及含义。

3．简述固定形状粗车循环 G73 的格式及其参数的含义。

4. 一个完整的加工程序由哪几部分组成？其开始部分和结束部分常用什么符号及代码表示？

六、编程题

1. 加工如图 6–1 所示的零件，试使用 G71 指令编写加工程序。

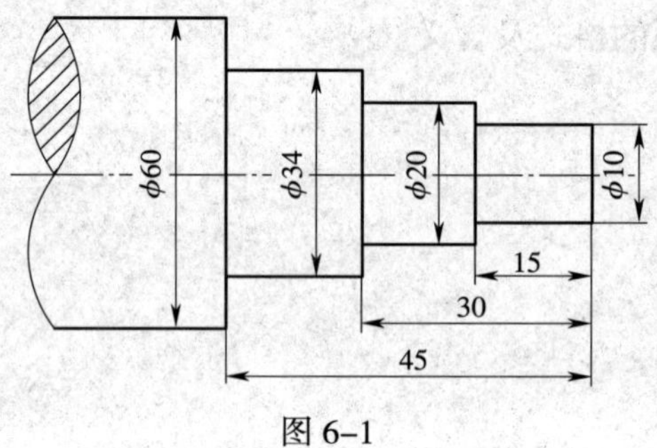

图 6–1

2．加工如图 6–2 所示的零件，选择 1 号外圆车刀和 2 号螺纹车刀。要求：（1）精车各面；（2）车螺纹。试编写加工程序。

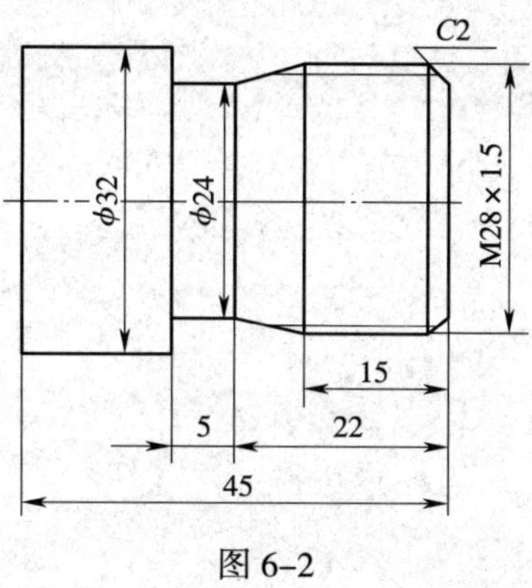

图 6–2

3．加工如图 6–3 所示的零件，试使用 G73 指令编写加工程序。

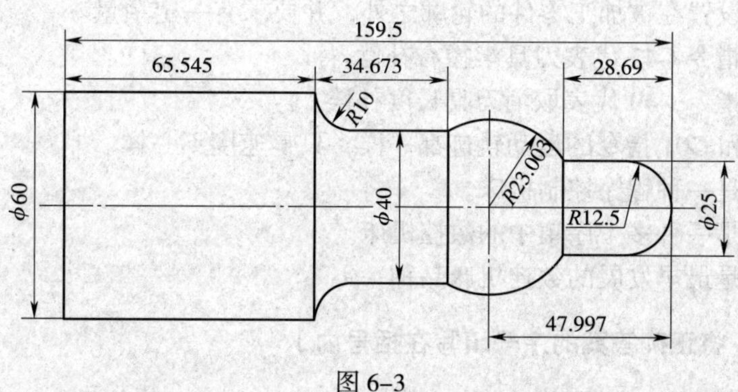

图 6–3

§6-3　数控铣削

一、填空题（将正确答案填写在横线上）

1．世界上首台数控机床是一台三坐标铣床，数控铣床具有________________________。

2．数控铣床的加工动作主要分为__________和__________两部分。

3．确定机床坐标系的方向时规定：永远假定____相对于__________运动。

4．对于机床坐标系的方向，均将增大____与____间距离的方向确定为______。

5．数控机床的坐标系采用符合________的笛卡儿坐标系，拇指指向为____轴的正方向，食指指向为____轴的正方向，中指指向为____轴的正方向。

二、判断题（正确的在括号内打“√”，错误的在括号内打“×”）

1．进行刀具半径补偿就是将编程轮廓数据转换为刀具中心轨迹数据。（　　）

2．换刀点应设置在被加工零件的轮廓之外，并要求有一定余量。（　　）

3．数控编程指令 G42 代表刀具半径右补偿。（　　）

4．数控编程指令 G49 代表取消刀具长度补偿。（　　）

5．G00 指令和 G01 指令的运动轨迹都一样，只是速度不一样。（　　）

6．数控铣床是一种程序控制机床。（　　）

7．加工中心是一种多工序集中的数控机床。（　　）

8．数控铣床是最早发展的数控机床品种。（　　）

三、选择题（将正确答案的序号填写在括号内）

1．数控铣床成功地解决了（　　）生产自动化问题并提高了生产效率。

A．单件　　B. 大批量　　C. 中、小批

2．在数控铣床上，刀具从机床原点快速移动到编程原点上应选择（　　）指令。

A．G00　　B．G01　　C．G02

3．在数控铣床上的 *XY* 平面内加工外形为曲线的工件，应选择（　　）指令。

A．G17　　B．G18　　C．G19

4．数控编程指令 G42 代表（　　）。

A．刀具半径左补偿　　B．刀具半径右补偿

C．刀具半径补偿撤销

5．刀库回零时，（　　）回零。

A．只能从一个方向　　B．可从两个方向

C．可从任意方向

6．辅助功能指令 M05 代表（　　）。

A．主轴顺时针旋转　　B．主轴逆时针旋转

C．主轴停止

7．在辅助功能指令中，（　　）表示主轴反转。

A．M03　　B．M04　　C．M05

8．加工中心编程与数控铣床编程的主要区别是（　　）。

A．指令格式　　B. 换刀程序　　C．宏程序　　D．指令功能

9．按照机床运动的控制轨迹分类，加工中心属于（　　）。

A．点位控制　　B．直线控制　　C．轮廓控制　　D．远程控制

10．钻孔固定循环指令中，*R* 参考平面是（　　）指令。

A．G96　　B．G97　　C．G98　　D．G99

11．M01 的含义是（　　）。

A．程序停止　　B．选择停止　　C．程序结束　　D．程序开始

12．（　　）用来指定机床的运动形式。

A．辅助功能　　B．准备功能　　C．刀具功能　　D．主轴功能

13．（　　）规定主轴的启动、停止、转向及切削液的打开和关闭等。

A．辅助功能　　B．主功能　　C．刀具功能　　D．主轴功能

14．辅助功能中，M05 表示（　　）。

A．主轴正转　　B．主轴反转　　C．主轴停转　　D．水泵停

15．准备功能中（　　）表示点定位。

A．G00　　B．G01　　C．G02　　D．G03

16．M 代码控制机床各种（　　）。

A．运动状态　　B．刀具更换

C．辅助动作及其状态　　D．固定循环

17．用于撤销刀具半径补偿的指令是（　　）。

A．G41　　B．G40　　C．G49　　D．G42

18．刀具半径右补偿指令是（　　）。

A．G40　　B．G41　　C．G42　　D．G49

19. 下列指令中不具有模态功能代码的是（　　）。

A. G00　　B. G01　　C. G02　　D. G04

20. 数控机床主轴转速 S 的单位是（　　）。

A. mm/min　　B. mm/r　　C. r/min　　D. r/mm

四、名词解释

G40：　　G41：　　G42：

G43：　　G44：　　G49：

G81：　　G83：　　G80：

五、简答题

1. 什么是刀具半径补偿?

2. 刀具长度补偿有什么作用?

3. 简述 G83 指令的含义、格式及各参数的含义。

六、编程题

1．在数控铣床中加工如图 6–4 所示工件，工件坐标系原点位于上表面中心，写出精加工程序。

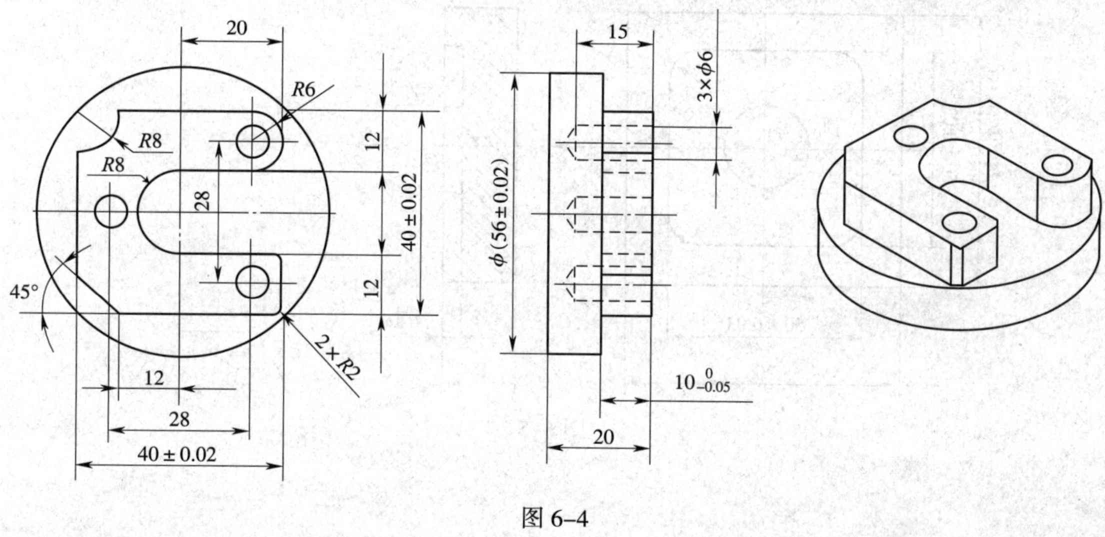

图 6–4

2．毛坯为 70 mm × 70 mm × 18 mm 的板材，六面已粗加工过，要求数控铣出如图 6–5 所示的槽，工件材料为 45 钢。

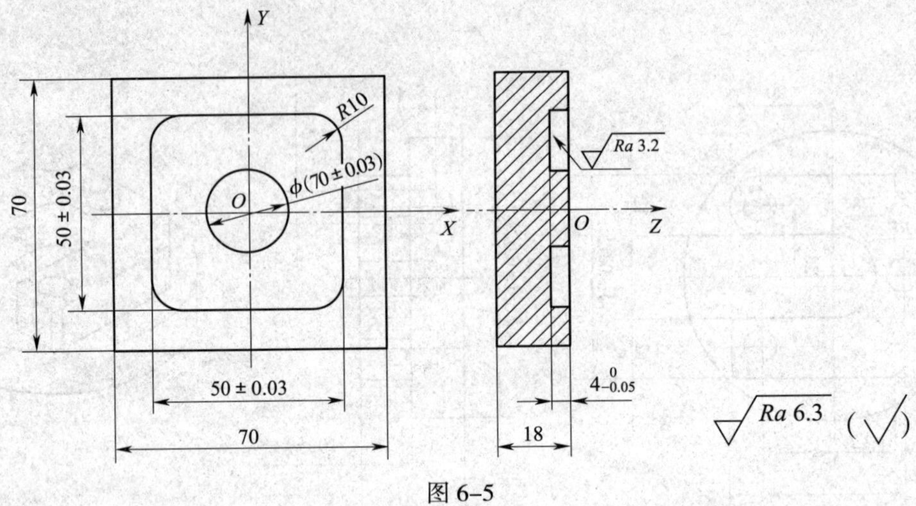

图 6–5

§ 6–4　数控加工质量分析

简答题

1．简述尺寸超差的原因及预防方法。

2．简述表面粗糙度不符合要求的原因及预防方法。

3．简述加工时扎刀导致工件报废的原因及预防方法。

第7章　零件加工工艺

§7-1　工艺基本概念

一、填空题（将正确答案填写在横线上）

1. 机器的生产过程是指由______变为____之间所有劳动过程的总和。
2. 工序是指在____工作地点对____或____工件所连续完成的那部分工艺过程。
3. 划分工序的主要依据是________是否改变和加工程序是否____完成。
4. 每批投产的零件数量称为____。
5. 生产类型可分为______________、__________和__________。

二、判断题（正确的在括号内打"√"，错误的在括号内打"×"）

1. 工步是工艺过程的基本组成部分，是生产计划的基本单元。（　　）
2. 如果车完工件的一端后，立即换头在同一车床上车另一端，两个工序可合成一个工序。（　　）
3. 应尽可能减少工件装夹次数，因为多一次装夹就多一次误差，同时减少了辅助时间。（　　）

三、选择题（将正确答案的序号填写在括号内）

1. 一个工序中，加工表面、刀具、进给量和转速都不变时所完成的那部分工作称为（　　）。

A．工序　　B. 工艺　　C. 工步　　D. 工位

2. 若所需切去的金属层很厚，分几次切削，每一次切削称为一次（　　）。

A．走刀　　B．加工　　C．工序　　D．工步

四、名词解释

1. 工艺过程

2．工位

五、简答题

为什么加工之前先要拟定较合理的工艺过程？

§7–2 零件加工方法选择

一、填空题（将正确答案填写在横线上）

1．机械零件都是由一些简单的几何表面如____、____、____或成形表面等组合而成的。

2．在选择加工方法时，应首先确定主要表面的____加工方法，然后再确定其他一系列准备工序的加工方法，即由____到____逐步达到要求。

3．一般钢铁零件的外圆表面，加工的主要方法是____和____。

二、判断题（正确的在括号内打“√”，错误的在括号内打“×”）

1．选择机床加工方法应考虑本厂的现有设备情况和技术条件。（ ）

2．几个同轴度要求高的外圆或孔，可以一次装夹加工，也可以分开装夹加工。（ ）

3．对于有色金属（如铜、铝合金等）零件精加工，常采用精细磨削。（ ）

三、选择题（将正确答案的序号填写在括号内）

1．淬火钢精加工采用（ ）加工。

A．车削 B．铣削 C．磨削 D．光整

2．有色金属精加工一般采用（ ）。

A．金刚石刀具 B．砂轮

C．高速车刀 D．高速铣刀

3．平面主要采用（ ）加工。

A．车削 B．磨削 C．镗削 D．铣削

四、名词解释

经济加工精度

五、简答题

简述外圆表面常用加工方案。

§7–3　工件定位与夹紧

一、填空题（将正确答案填写在横线上）

1．基准分为____基准和____基准两大类。

2．工艺基准可分为____基准、____基准和____基准等。

3．工件在机床上装夹一般有________、________和________三种方式。

4．常用的夹具有____夹具和____夹具两大类。

5．根据约束条件的不同，定位可分为________、________和________。

6．把工件压紧夹牢的装置称为________。

二、判断题（正确的在括号内打“√”，错误的在括号内打“×”）

1．用两顶尖装夹车削轴时，轴的两中心孔是定位基面。（　　）

2．车床的三爪自定心卡盘和铣床的机用平口虎钳是最常用的专用夹具。（　　）

3．夹具一般可概括为定位元件和夹紧元件。（　　）

4．精基准采用已加工的表面作为定位基准。（　　）

5．选用工件上的不加工表面为精基准，可保证不加工表面与加工表面之间的相对位置精度。（　　）

6．夹紧力的方向应尽可能平行于工件的主要定位基准面。（　　）

7．夹紧力的方向与切削力的方向尽量一致。　　　　　　　　　　　　　　（　　）

三、选择题（将正确答案的序号填写在括号内）

1．装夹时将工件的定位基准面靠紧并吸牢在磁力工作台上，属于（　　）。

A．直接装夹　　　　　　　　　　　　　B．找正装夹

C．夹具装夹　　　　　　　　　　　　　D．磁力装夹

2．专用夹具装夹广泛用于（　　）。

A．单件生产　　　　　　　　　　　　　B．小批量生产

C．大批量生产　　　　　　　　　　　　D．产品研发

3．任何一个自由刚体，在空间内均有（　　）个自由度。

A．三　　　　　B．四　　　　　C．五　　　　　D．六

4．选用工件上要求余量均匀的重要表面作为（　　）。

A．工艺基准　　B．设计基准　　C．粗基准　　D．精基准

5．夹紧力的方向和作用点位置应施于工件（　　）较好的方向和部位。

A．强度　　　　　　　　　　　　　　　B．韧度

C．刚度　　　　　　　　　　　　　　　D．疲劳强度

四、名词解释

1．基准

2．导向元件

3．六点定位原理

五、简答题

1．什么是装夹？

2．简述精基准的选择原则。

3．简述机床夹具中常用的夹紧装置。

§7–4　工 艺 规 程

一、填空题（将正确答案填写在横线上）

1．零件的主要表面一般是指零件的________和________等。

2．工序分散中所使用的机床设备和工艺装备都比较____，容易____，容易适应____产品。

3．为改善金属的组织和加工性能而进行的预先热处理，如____和____等，一般安排在机械加工之前。

二、判断题（正确的在括号内打“√”，错误的在括号内打“×”）

1．粗加工时，切削力所需的夹紧力较小。（　　）

2．精加工切削力小，有利于长期保持机床的精度。（　　）

3．工序集中有利于采用高效专用设备和工艺装备，提高生产率。（　　）

三、选择题（将正确答案的序号填写在括号内）

1. 为消除内应力而进行的时效处理，一般安排在（　　）。

   A．粗加工之前　　B．粗加工之后　　C．精加工之后　　D．磨削之后

2. 装饰性热处理一般安排在工艺过程的（　　）进行。

   A．最前　　B．中间靠前　　C．中间靠后　　D．最后

3. 将工艺过程按一定的格式用文件的形式固定下来，用来指导生产，这就是（　　）。

   A．工艺规程　　B．工艺路线　　C．工艺纲领　　D．工艺文件

4. 工序卡片是用来具体指导工人进行操作的一种（　　）。

   A．图形文件　　B．文字文件　　C．工艺文件　　D．图文文件

四、名词解释

工序集中与分散

五、简答题

1．机械加工工艺路线包括哪些内容？

2．简述划分加工阶段应遵循的原则。

§7-5　提高劳动生产率的途径

一、填空题（将正确答案填写在横线上）

1. 劳动生产率是衡量生产效率的一个______指标，它是指在____劳动时间内制造出____产品的数量。

2. 时间定额由____时间、____时间和______________时间三部分组成。

3. 缩短基本时间的常用方法有____________、____________和________________等。

二、判断题（正确的在括号内打“√”，错误的在括号内打“×”）

1. 完成一个零件的一个工序所用的时间称为单位时间定额。（　　）

2. 减少切削行程长度并不能缩短基本时间。（　　）

3. 采用先进夹具以缩短工件的装夹时间，从而缩短基本时间。（　　）

三、选择题（将正确答案的序号填写在括号内）

1. （　　）可以减少走刀次数，从而减少基本时间。
   A．增加背吃刀量　　B．减少切削深度
   C．增大主轴转速　　D．减小主轴转速

2. 减小加工余量可缩短（　　）时间。
   A．准备　　B．基本　　C．辅助　　D．结束

3. 采用多刀切削的设备是（　　）。
   A．转塔车床　　B．数控车床　　C．高速铣床　　D．数控铣床

四、名词解释

合并工步

五、简答题

1. 简述常见缩短辅助时间的方法。

2．简述旋风切削螺纹的优点。

§7-6　典型零件切削工艺分析

一、填空题（将正确答案填写在横线上）

1．轴类零件的主要加工内容有____和____，其次是______和____。
2．螺纹一般不允许____，并且在工件螺纹部分的直径和长度上必须留______。
3．为保证中心孔的精度，工件中心孔不允许____，毛坯总长应适当放____。

二、判断题（正确的在括号内打“√”，错误的在括号内打“×”）

1．螺纹应淬火后在车床上加工。（　　）
2．磨削轴时，为了保证工件轴向位置不变，一批工件的中心孔深度应相等。（　　）
3．轴承座的主要表面为支撑孔。（　　）

三、选择题（将正确答案的序号填写在括号内）

1．加工工艺比较复杂的零件最好绘制（　　）。
A．零件图　B．装配图　C．生产图　D．工艺草图
2．消除磨削应力，在粗磨后必须安排（　　）工序。
A．低温时效　B．中温时效　C．高温时效　D．超高温时效
3．轴承座是（　　）零件。
A．轴类　B．套类　C．回转体　D．非回转体
4．轴承座的材料为（　　）。
A．灰铸铁　B．低碳钢　C．中碳钢　D．高碳钢